CONTRIBUTION

A LA

CONNAISSANCE DES DÉRIVÉS DU

TRIPHÉNYLMÉTHANE.

———✧———

DISSERTATION

PRÉSENTÉE A LA

FACULTÉ DES SCIENCES

DE

L'UNIVERSITÉ DE BÂLE

POUR OBTENIR LE GRADE DE DOCTEUR ÈS-SCIENCES

PAR

GEORGES FREYSS

DE STRASBOURG (ALSACE).

—✦◦✦—

BALE.
IMPRIMERIE EMILE BIRKHÄUSER
1891.

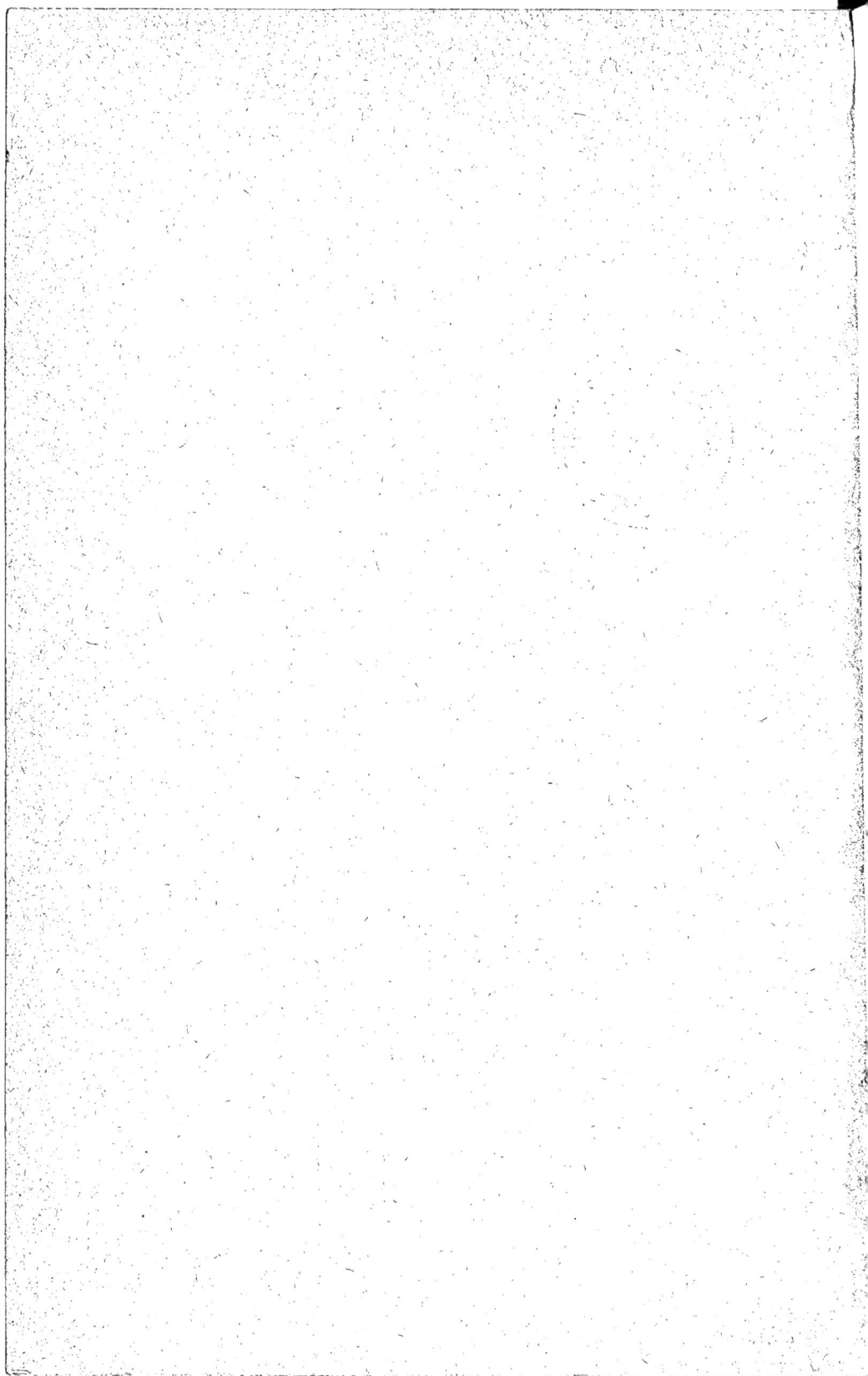

CONTRIBUTION

A LA

CONNAISSANCE DES DÉRIVÉS DU

TRIPHÉNYLMÉTHANE.

DISSERTATION

PRÉSENTÉE A LA

FACULTÉ DES SCIENCES

DE

L'UNIVERSITÉ DE BÂLE

POUR OBTENIR LE GRADE DE DOCTEUR ÈS-SCIENCES

PAR

GEORGES FREYSS

DE STRASBOURG (ALSACE).

BALE.
IMPRIMERIE EMILE BIRKHÄUSER
1891.

A MON CHER ONCLE

JEAN FREYSS

DE STRASBOURG.

—•✦•✳•✦•—

TÉMOIGNAGE DE PROFONDE RECONNAISSANCE.

Ce travail fut éxécuté dans le courant de l'année 1890—1891 au laboratoire de l'école de chimie de MULHOUSE (Alsace).

Qu'il me soit permis d'exprimer à cet endroit mes sincères remerciments à mon cher et vénéré maître, Monsieur le Professeur E. NOELTING, qui pendant tout la durée de mes études m'a secondé avec beaucoup d'interêt de ses précieux conseils.

ÉTUDES SUR LES DÉRIVÉS

DU

TRIPHÉNYL- & DIPHÉNYLMÉTHANE TETRAAMIDÉS

ET DU

PARATRIAMIDODIPHÉNYLNAPHTYLMÉTHANE.

Un grand nombre de produits de condensation du Tétra-
méthyldiamidobenzhydrol avec les monamines aromatiques
primaires, secondaires et tertiaires sont mentionnés dans le
brevet maintenant déchu de la Badische Anilin- und Sodafabrik
(D. R. P. N⁰ 27,032). Parmi ces dérivés il y en a plusieurs
qui n'ont pas encore été étudiés au point de vue théorique et
il nous a paru intéressant d'étudier les propriétés et dérivés
du Paratriamidodiphénylnaphtylméthane.

La condensation du Tetraméthyldiamidobenzhydrol avec
les amines repose sur une élimination d'eau ayant lieu entre
l'hydroxyle de l'alcool secondaire et un hydrogène du noyau
benzique de l'amine; elle s'effectue généralement en solution
aqueuse à la température du bain-marie en présence de l'acide
chlorhydrique nécessaire pour saturer les groupes amides.

Il a été démontré que cette élimination d'eau, a toujours
lieu en para par rapport à l'amide si cette position est libre;
si elle est occupée par un groupe méthyle elle a lieu en ortho
et meta suivant qu'on opère en solution chlorhydrique ou sulfurique ce qui est le cas pour la paratoluidine.

Une condensation analogue devait avoir lieu avec les diamines ayant une position para libre, et dans ce but plusieurs essais ont été faits qui ont donné des résultats affirmatifs, mais si la position para est occupée par un groupe amide la condensation ne s'effectue dans aucun cas.

Ces produits de condensation des diamines avec le Tetraméthyldiamidobenzhydrol présentent des réactions analogues à celles des diamines libres, et il nous a paru intéressant de préparer plusieurs dérivés á l'état de pureté, pour observer l'influence d'un groupe azine, acétyle, azimide ou azoïque sur la nuance des matières colorantes fournies par oxydation.

Il a été démontré que les leucobases du triamidotriphénylméthane ayant un groupe méthyle en ortho par rapport au carbone fondamental se laissent facilement oxyder en donnant des colorants. Le travail présent confirme la chose et démontre que la présence d'un quatrième groupe amide dans le Paratriamidotriphénylméthane, qui se trouve en ortho ou meta par rapport au carbone fondamental ou à un groupe amide n'empêche nullement l'oxydation en colorants.

En outre il a été observé que la position ortho de cet amide vis-à-vis d'un amide en para du carbone fondamental exerce une bien plus grande influence sur le changement de nuance du colorant que la position meta.

Tandis que les leucobases du dernier type donnent un bleu tirant au violet, ceux du premier type donnent un vert tirant au bleu.

Observations
sur la préparation du Tetraméthyldiamidobenzhydrol.

Plusieurs modes de préparation du Tetraméthyldiamidobenzhydrol ont déjà été décrits et entre autres celui de la réduction de la Tetraméthyldiamidobenzophenone en solution alcoolique par l'amalgame de sodium ; le rendement doit être dans ce cas de 95 à 96% du rendument théorique.

En effet la réduction s'opère presque quantitativement,

mais le Tetraméthyldiamidobenzhydrol contient toujours une certaine quantité d'un corps fondant à 208° et identique avec l'Octométhyltetraamidobenzpinakone; une des réactions caractéristique de ce corps est celle de se dissoudre à froid dans l'acide acétique en donnant un liquide incolore qui se colore graduellement en bleu foncé lorsqu'on le chauffe jusqu'à l'ébullition; par refroidissement la coloration bleue disparaît peu à peu.

Lors de la condensation du Tetraméthyldiamidobenzhydrol avec les amines l'Octométhyltetraamidobenzpinakone reste inaltérée et peut alors facilement se démontrer par sa réaction caractéristique. On attribuait d'abord la présence de ce corps dans les produits de condensation par suite d'une réaction secondaire du Tetraméthyldiamidobenzhydrol se produisant lors de la condensation; mais ces mêmes condensations faites avec du benzhydrol exempt de pinakone, n'ont pas donné lieu à une trace de pinakone, ce qui prouve que sa présence doit uniquement être attribuée à l'impureté du benzhydrol.

Pour purifier un benzhydrol contenant de la pinakone on le dissout dans très peu d'alcool bouillant. La pinakone reste insoluble dans ce cas et peut être séparée par filtration. Après une cristallisation dans la benzine bouillante dans laquelle elle est très peu soluble on l'obtient sous forme de petits cristaux prismatiques incolores du point de fusion 208°.

La formation de l'Octométhyltetraamidobenzpinakone lors de la réduction du Tetraméthyldiamidobenzophenone peut être complètement évitée en opérant de la façon suivante:

On dissout 200 gr. de Tetraméthyldiamidobenzophenone dans 3 l, alcool à 70° bouillant et on y ajoute par portions de 50 à 70 gr. tous les vingt minutes 1800 gr. amalgame de sodium à 3% de sodium.

Quand tout l'amalgame est ajouté on continue encore l'ébullition pendant deux heures et on distille $^2/_3$ de l'alcool.

La réduction s'opère très vite et est terminée presque totalement au bout de dix heures; en travaillant avec les quantités indiquées il est urgent d'employer des récipients de métal, car les ballons en verre cassent régulièrement par suite du poids du mercure et de l'alcalinité du liquide.

Le résidu est ensuite séparé du mercure et versé dans beaucoup d'eau additionnée de 400 gr. d'acide chlorhydrique concentré. On refroidit la solution avec de la glace et précipite le peu de Tetraméthyldiamidobenzophénone non attaquée par de l'ammoniaque dilué, qu'on ajoute jusqu'à coloration bleu intense du liquide. On filtre de la kétone précipitée et on précipite lentement l'hydrole avec de l'ammoniaque dilué en ayant soin de maintenir la température à 0°.

L'hydrole se précipite de cette façon sous forme de gros flocons grumuleux blancs qui, lavés à l'eau, sont séchés à basse température.

Le rendement est de 95% de la théorie.

Tetraméthyltetraamidodiphényltolylméthane.

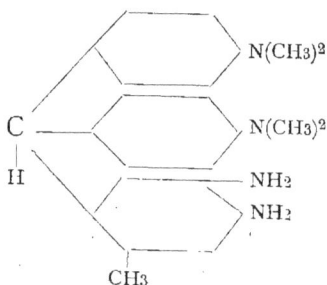

La condensation du Tetraméthyldiamidobenzhydrol avec l'orthotoluylendiamine s'effectue avec les proportions suivantes :

On dissout 27 gr. (1 Mol) benzhydrole dans 70 gr. d'eau additionnée de 20 gr. (2 Mol) d'acide chlorhydrique concentré puis on y ajoute 12,2 gr. (1 Mol) d'orthotoluylendiamine dissoute dans 60 gr. eau et 20 gr. d'acide chlorhydrique concentré et on chauffe au bain-marie durant 10 heures. Le liquide se colore d'abord en vert intense puis en brun-jaune.

Quand un échantillon additionné d'acétate de soude et d'acide acétique ne donne plus ou seulement faiblement la réaction bleue du Tetraméthyldiamidobenzhydrol — ce qui a généralement lieu au bout de 10 à 12 heures, — on verse le produit de réaction dans l'eau.

La leucobase formée se précipite par addition d'ammoniaque dilué sous forme de gros flocons légèrement jaunâtres qui, lavés à l'eau et séchés, sont cristallisés dans l'alcool et benzine; mais même en employant toutes les précautions nécessaires, je ne suis pas arrivé à obtenir de cette manière des cristaux complètement incolores et d'un point de fusion net.

Le produit recristallisé quatre fois dans l'alcool puis dissous dans la benzine et précipité par la ligroïne fondait entre 189° et 191° en donnant un liquide brun, en outre le rendement en base pure était à peu près de 15% de la théorie.

Pour purifier la leucobase j'ai opéré de la manière suivante, qui m'a donné dans ce cas et dans toutes les purifications suivantes des autres leucobases les meilleurs résultats.

Après avoir versé le produit brut de condensation dans 2 l. d'eau, on ajoute une solution de 10 gr. chlorure stanneux et 20 gr. acide chlorhydrique puis on chauffe le liquide presque à l'ébullition pendant 20 minutes et on précipite l'étain par un courant d'hydrogène sulfuré en laissant refroidir peu à peu.

Par ce traitement au chlorure stanneux la petite quantité de Tetraméthyldiamidobenzhydrol échappé à la condensation se réduit en Tetraméthyldiamidodiphénylméthane et les produits d'oxydation de l'orthotoluylendiamine qui se sont formés lors de la condensation sont de même éliminés. Le sulfure d'étain entraîne alors lors de sa précipitation mécaniquement toutes les impuretés et le liquide filtré est complètement incolore.

On dilue ensuite avec beaucoup d'eau et refroidit avec de la glace; la leucobase se précipite par addition d'ammoniaque dilué sous forme de gros flocons complètement blancs, qui bien lavés à l'eau, peuvent être séchés au bain-marie sans altération.

Le produit brut est fusible vers 185°. Pour cristalliser la base on l'extrait avec une petite quantité d'alcool bouillant afin d'enlever le diamidodiphénylméthane pouvant s'y trouver et on la dissout dans une grande quantité d'alcool bouillant environ 50 fois son poids.

Par refroidissement on l'obtient sous forme de cristaux presque incolores fusibles a 195° qui après une seconde cristallisation en présence de noir animal ont le point de fusion constant de 197⁰ en donnant un liquide incolore.

Le rendement en produit cristallisé est de 77°/₀ de la théorie.

Le Tetraméthyltetraamidodiphényltolylméthane se présente sous forme de petites tablettes brillantes incolores. Il se dissout aisément dans la benzine, chloroforme et éther acétique et assez difficilement dans l'alcool bouillant, duquel il cristallise le mieux.

Le produit pur chauffé pendant quelques heures ne s'oxyde même pas superficiellement, c'est seulement vers 120⁰ qu'il commence à verdir un peu au bout d'un certain temps.

L'analyse a donné les résultats suivants qui concordent avec la composition théorique.

I. 0,2257 gr. substance ont donné 0,6370 gr. d'acide carbonique et 0,1614 gr. d'eau.

II. 0,1903 gr. ont donné 0,5358 gr. d'acide carbonique et 0,1393 gr. d'eau.

III. 0,3180 gr. ont fourni 46,cc³ d'azote à 29⁰ et une pression barométrique de 740 m/m.

IV. 0,1701 gr. ont fourni 24,1cc³ d'azote à 29⁰ et une pression barométrique de 747 m/m.

Théorie pour $C^{24} H^{30} N^4$		Expérience
	I. et III.	II. et IV.
C 77,01°/₀	77,09°/₀	76,77°/₀
H 8,02 »	7,98 »	8,14 »
N 14,97 »	15,55 »	15,16 »

Suivant son mode de formation la constitution de ce corps ne peut être que la suivante, en admettant que la condensation s'est opérée dans la position para libre vis-à-vis d'un groupe amide, ce qui a toujours lieu dans ce cas :

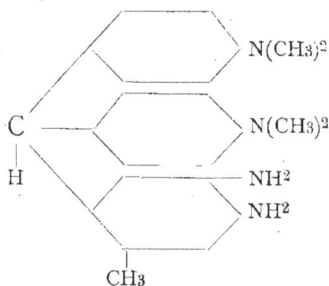

Par oxydation de la base avec le bioxyde de plomb en solution acétique aqueuse ou avec le chloranile en solution acétique alcoolique on obtient un colorant vert bleuâtre.

Le colorant correspondant à 0,02 de leucobase teint 1 gr. de coton mordancé au tannin, en vert foncé tirant au bleu et se fixe très faiblement sur le coton non mordancé en donnant un vert très clair qui résiste au savonnage.

Diacétyle-tetraméthyltetraamidodiphényltolylméthane.

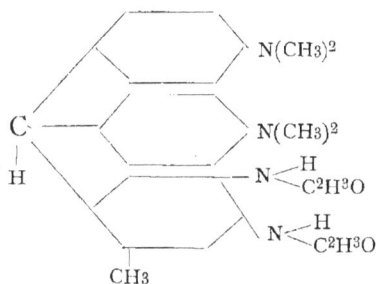

Le Tetraméthyltetraamidodiphényltolylméthane traité par 3 parties d'anhydride acétique bouillant donne un liquide d'un vert intense; au bout d'une demi-heure d'ébullition l'acétylation est achevée. On verse ensuite le produit d'acétylation dans l'eau et on laisse reposer 24 heures à froid pour détruire l'excès d'anhydride acétique. La majeure partie du dérivé acétylé se sépare par suite de son peu de basicité vis-à-vis de l'acide acétique dilué et on précipite le reste de la solution par l'ammoniaque bien dilué.

On obtient ainsi un produit blanc verdâtre qu'on lave bien à l'eau et purifie du colorant adhérent par plusieurs cristallisations dans l'alcool bouillant. Ce n'est qu'après quatre recristallisations que les cristaux sont complètement incolores, car le produit qui n'est pas tout à fait pur s'oxyde très vite en vert en solution alcoolique bouillante.

Le Diacétyl-tetraméthyltetraamidodiphényltolylméthane forme des petits cristaux incolores bien développés fusibles de $220,^05$—$221,^05$ en donnant un liquide jaune.

Il est difficilement soluble dans l'alcool bouillant et facilement dans la benzine, le meilleur dissolvant est l'éther acétique.

Très stable à l'état de pureté il n'éprouve aucune oxydation à l'air à la température ordinaire mais chauffé quelque temps à 100° il s'oxyde superficiellement en vert.

Lors de l'acétylation de l'orthotoluylendiamine on obtient un seul produit l'éthénylortholuylendiamine

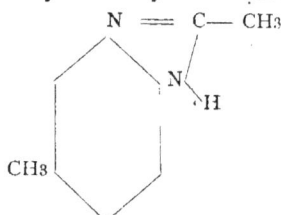

par suite de la formation primaire d'un dérivé monacétylé et élimination d'eau entre CO et NH₂.

Une réaction analogue devait avoir lieu pour les dérivés du triphénylméthane ayant deux amines en ortho; mais l'analyse du produit obtenu a donné des résultats qui excluent la formation d'un dérivé éthényle et concordent avec la théorie d'un dérivé diacétylé comme suit.

I. 0,2579 gr. ont donné 0,6944 gr. d'acide, carbonique et 0,1726 gr. d'eau.

II. 0,1444 gr. ont donné 16,5 cc³ d'azote à 21° et une pression barométrique de 733 mm.

III. 0,1239 gr. ont donné 14,4 cc³ d'azote à 23° et une pression barométrique de 738 mm.

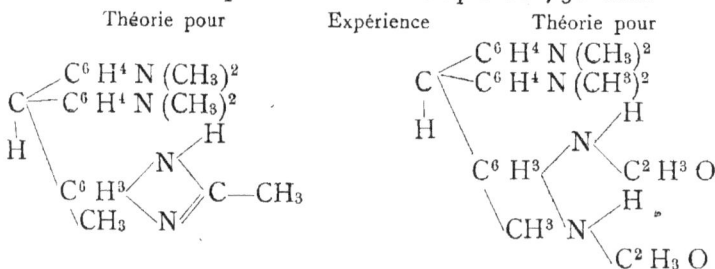

	Théorie pour	Expérience I & II	III	Théorie pour	
C	78,39 %	73,40 %		73,36 %	C
H	7,53 %	7,44 %		7,42 %	
N	14,08 %	12,54 %	12,75 %	12,23 %	
				6,99 %	O

Voulant étudier les conditions dans lesquelles le dérivé éthylénique se forme lors de l'action de l'anhydride acétique sur l'orthotoluylendiamine j'ai répété l'acétylation de ce corps et n'ai obtenu qu'un seul produit fusible à $210,^{0}5$ et identique avec le dérivé diacétylique de l'Orthotoluylendiamine séparé peu de temps auparavent. Il était intéressant d'observer si le chlorure d'acétyle se comporte de la même façon que l'anhydride acétique vis-à-vis de la leucobase. L'expérience a démontré qu'on n'obtient qu'un seul produit fusible de $220,^{0}5$ à $221,^{0}5$ et par conséquent identique avec le dérivé diacétylé.

La formation des dérivés éthényliques n'est donc pas si générale comme on l'avait admis avant d'avoir obtenu les dérivés diacétylique des orthodiamines.

Désirant obtenir le dérivé éthénylique de la leubobase j'ai fait quelques essais de condensation de l'éthényltoluylendiamine avec le benzhydrol en employant les proportions suivantes.

1 Essai, 2,7 gr. Tetraméthyldiamidobenzhydrol, 2 gr. acide chlorhydrique concentré et 15 gr. d'eau chauffé pendant 12 heures avec 1,4 gr. éthényltoluylendiamine à la température du bain-marie.

2 Essai, mêmes proportions excepté la quantité d'acide chlorhydrique doublée, chauffé pendant 24 heures au bain-marie et finalement 2 heures à l'ébullition.

3 Essai, mêmes proportions excepté la quantité d'acide chlorhydrique qui n'était que de 1 gr., chauffé pendant 48 heures au bain-marie.

Dans tous les trois cas la quantité totale du Tetraméthyldiamidobenzhydrol a pu être régénerée; il n'y avait pas trace de produit de condensation et formation d'un colorant par oxydation.

Le groupe éthényle se comporte donc vis-à-vis du benzhydrole comme un hydroxyle phénolique libre qui empêche de même la condensation par suite de son acidité.

Tétraméthyldiamidodiphényl-azimidotolylméthane.

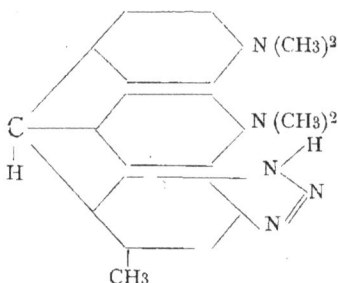

On obtient ce corps en ajoutant lentement à une solution aqueuse très diluée de 10 gr. (1 Mol) Tetraméthyltetraamido-diphényltolylméthane et 10 gr. (3 Mol) d'acide chlorhydrique une solution très étendue de 1,9 gr. (1 Mol) nitrite de soude à une température ne dépassant pas 0°.

Le liquide se colore en jaune puis en vert foncé; après l'addition totale du nitrite on laisse reposer deux heures et on précipite le dérivé azimido formé par une solution d'acétate de soude. On l'obtient ainsi sous forme de volumineux flocons verdâtres qui s'oxydent très vite à l'air en vert foncé.

Le produit est excessivement soluble dans la benzine, chloroforme et alcool difficilement dans l'alcool dilué. Chauffé vers 80° il se décompose avec dégagement de gaz et donne un goudron vert foncé; il se dissout dans l'alcool en vert foncé et s'oxyde encore plus aussitôt qu'on chauffe la solution; celle-ci évaporée à température ordinaire et pression diminuée laisse un residu goudronneux vert foncé et malgré toutes les précautions on n'obtient pas de corps cristallisé. Enfin après une série d'essais infructueux je suis parvenu à obtenir un corps cristallisé en opérant de la façon suivante.

On dissout le produit brut dans peu d'alcool méthylique à une température ne dépassant pas 30°, puis on ajoute à la solution alcoolique goutte par goutte de l'eau. Il se précipite d'abord une certaine quantité de goudron qu'on sépare, puis on abandonne le liquide à l'air à une basse température. L'alcool s'évapore peu à peu et après deux jours le liquide est rempli de paillettes brillantes jaunes verdâtres. On les sépare du liquide et du goudron précipité au fond du vase et on les dissout à nouveau dans l'alcool méthylique en employant les mêmes précautions. Après avoir renouvellé trois fois ce procédé on obtient le dérivé azimido sous forme de brillantes paillettes jaune paille, qui verdissent vers 80° et se décomposent à 93° avec fort dégagement de gaz et formation d'un liquide vert foncé.

Séché dans le vide sur de l'acide sulfurique jusqu'à poids constant l'azimido a donné les résultats analytiques suivants

I. 0,1890 gr. Substance ont donné 0,5016 d'acide carbonique et 0,1322 gr. d'eau.

Comme le % de carbone trouvé d'après l'expérience ne concordait nullement avec le % théorique indiqué ci-dessous, j'ai préparé deux nouvelles parties de ce corps en employant dans un essai 2 molécules d'acide chlorhydrique au lieu de 3 et en remplaçant dans l'autre l'eau par l'alcool et le nitrite de soude par le nitrite d'amyle.

Les deux produits ainsi obtenus et purifiés de la même manière que dans le premier essai fondaient à la même température avec décomposition; séchés dans le vide sur de l'acide sulfurique jusqu'à poids constant ils ont donné des résultats d'analyse concordant avec l'analyse du premier produit.

II. 0,3159 gr. ont donné 0,3848 d'acide carbonique et 0,2196 d'eau.

III. 0,1922 gr. ont donné 30,1 cc^3 d'azote à 17° et une pression barométrique de 730 mm.

IV. 0,3499 gr. ont donné 0,9163 gr. d'acide carbonique et 0,2481 gr. d'eau.

Expérience

Théorie pour $C^{24} H^{27} N^5$	I	II	III et IV	Théorie pour $C^{24} H^{27} N^5 + CH^4O$
C 74,81 %	72,37 %	72,06 %	71,41 %	71,94 % C
H 7,01 »	7,18 »	7,71 »	7,87 »	7,43 » H
N 18,18 »			17,44 »	16,79 » N

Ainsi que le démontraient les analyses le corps cristallise avec une molécule d'alcool méthylique de cristallisation, qu'on ne peut éliminer par la chaleur à cause de la trop facile décomposition du dérivé azimido, ainsi que par une exposition de 15 jours sur de l'acide sulfurique concentré dans le vide.

Sa constitution est d'après sa formation analogue à celle de l'azimidotoluène et ne peut donc être que la suivante.

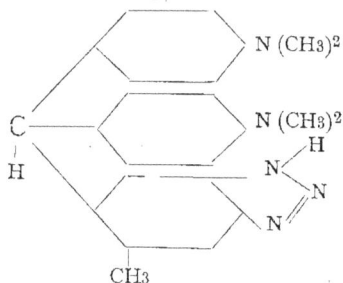

La tetraméthyldiamidodiphényl-azimidotolyiméthane est à l'état cristallisé très stable à l'air et ne verdit qu'après une exposition de quelques jours, oxydé avec le bioxyde de plomb en solution aqueuse acétique il donne un colorant d'un beau vert. Le colorant correspondant à 0,02 de leucobase teint 1 gr. de coton mordancé au tannin en vert franc et ne se fixe pas du tout sur les parties rongées; les blancs sont après savonnage très purs.

Lorsqu'on traite la leucobase une demi-heure par l'anhydride acétique bouillant on obtient un dérivé acétyié très difficilement soluble dans l'alcool, duquel il cristallise par refroidissement en paillettes microscopiques blanches à reflet argentin fusibles vers 220°.

Oxydé avec le bioxyde de plomb en solution acétique aqueuse on obtient un colorant de la même nuance que celui obtenu avec l'azimido.

Diiodométhylate de la Tetraméthylorthotoluylendiamine.

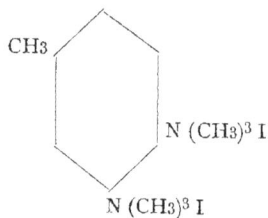

La méthylation de l'Orthotoluylendiamine s'opère très facilement avec dégagement de chaleur en ajoutant peu à peu à une solution de 1 mol. orthotoluylendiamine dans l'alcool méthylique, additionné de 3 mol. de carbonate de soude, 6 mol d'iodure de méthyle. La réaction est très vive aussi faut-il bien refroidir le ballon et le munir d'un bon refrigérent à reflux.

Lorsque tout l'iodure de méthyle a été additionné on chauffe encore quelques heures au bain-marie pour terminer la réaction ensuite on verse dans peu d'eau. L'iodure de sodium se dissout et l'iodométhylate reste sous forme d'une poudre blanche; après deux cristallisations dans l'eau il est tout à fait pur et se présente sous forme de gros cristaux bien développés fusibles entre 1° avec décomposition. A cause de cette propriété et en opérant toujours dans les mêmes conditions le point de fusion varie de 189° à 202°. Si on plonge le thermomètre avec le tube capillaire dans l'acide sulfurique préalablement chauffé à 190° le point de fusion est invariablement à 196°.

L'Iodométhylate est relativement peu soluble dans l'eau froide et très facilement dans l'eau bouillante.

Les dosages d'Iode ont donné les résultats suivants.

I. 0,6376 Substance ont fourni 0,6450 d'iodure d'argent
II. 0,7949 ont fourni 0,8040 d'iodure d'argent.

Théorie pour	Expérience	
C^{13} H^{24} N^2 I^2	I	II
I 54,98 %	54,65	54,64

La constitution est la suivante.

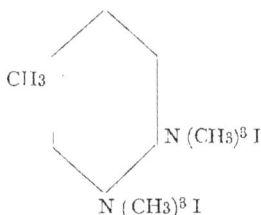

En traitant le Diiodométhylate avec de l'oxyde d'argent humide on obtient la tetraméthylorthotoluylendiamine décrite par Niementowsky (B. Ber. 20, 1888).

Octométhyltetraamidodiphényltolylméthane.

Plusieurs essais de condenser le tetraméthyldiamidobenz-hydrol avec la tetraméthylorthotoluylendiamine sont restés sans résultat. La condensation n'a pas lieu ni en solution aqueuse ou alcoolique avec la quantité théorique d'acide chlor-hydrique ou un' excès. Après 48 heures d'exposition à la température du bain-marie il n'y avait dans aucun cas trace de produit de condensation et une ébullition de 12 heures n'a pas changé les résultats.

De même qu'avec le benzhydrol la tetraméthylortho-toluylendiamine ne se condense non plus dans aucnn cas avec l'éther orthoformique en présence de chlorure de zinc, quelle que soit la température à laquelle ou chauffe le mélange.

De meilleurs résultats ont été obtenus en condensant la tetraméthylorthotoluylendiamine avec la tetraméthyldiamido-benzophenone en présence de trichlorure de phosphore.

On dissout 4. gr. Tetraméthyldiamidobenzophenone dans 8 gr Tetraméthylorthotoluylendiamine additionnée de 10 gr chloroforme, puis on y ajoute 2,4 gr trichlorure de phosphore et on chauffe deux heures au bain-marie. On obtient ainsi une masse d'un bleu foncé à reflet métallique qui se dissout facile-ment dans l'acide chlorhydrique.

On réduit alors le colorant avec de la poudre de zinc et précipite la leucobase par l'ammoniaque; après avoir chassé l'excès de tetraméthylorthotoluylendiamine à la vapeur d'eau on obtient la leucobase sous forme de flocons blancs qui s'oxydent en bleu à l'air.

Par oxydation avec le bioxyde de plomb en sol. aqueuse acétique ou le chloranile en solution alcoolique acétique on obtient un colorant bleu facilement soluble dans l'eau.

Le colorant correspondant à 0,02 gr de leucobase teint 1 gr de coton mordancé au tannin en beau bleu indigo qui résiste parfaitement au savonnage.

Tetraméthyldiamidodiphényltolylphenanthrazinméthane.

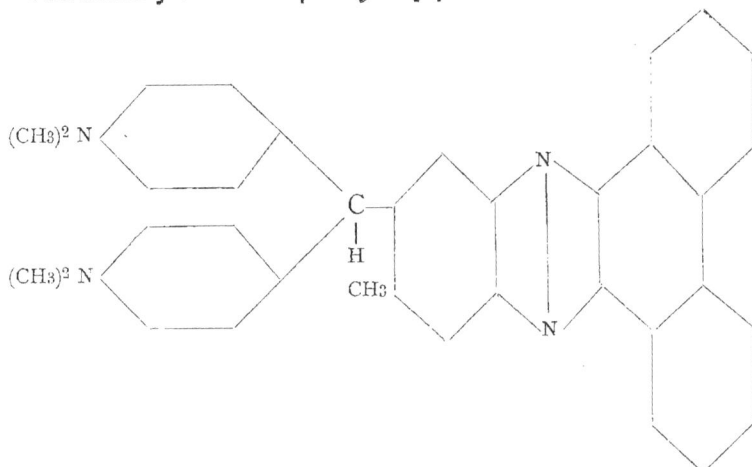

Pour préparer ce corps on dissout 9,4 (1 mol) Tetramé-thyltetraamidodiphenyltolylméthane dans 10 parties d'alcool additionné d'acide acétique, on chauffe vers 60⁰ et on ajoute 5,2 gr (1 mol) Phenanthrenquinone dissoute dans 20 parties d'acide acétique glacial. Après qq. minutes l'azine cristallise et remplit le liquide de fines aiguilles d'un jaune vert. On abandonne encore deux heures le produit à la température du bain-marie puis on sépare l'azine par filtration à la trombe des eaux mères; celles-ci précipitent encore par addition d'ammoniaque une petite quantité de produit.

Après deux cristallisations dans la benzine le corps est entièrement pur et d'un point de fusion constant; il forme un amas très léger de fines aiguilles microscopiques de couleur jaune clair qui fondent de 272⁰ à 273⁰ sans décomposition.

Il est très stable à l'air et ne s'oxyde non plus à 100⁰; quand on frotte l'azine avec un pistil elle devient électrique et est projetée dans toutes les directions.

Elle se dissout assez facilement dans la benzine et est presque insoluble dans l'alcool.

Lorsqu'on projette le Tetraméthyldiamidodiphényl-tolyl-phenanthrazinméthane sur de l'acide sulfurique concentré il se dissout en rouge carmin, par addition d'eau la solution devient jaune.

Il est très difficilement combustible et laïsse après incinération dans un courant d'oxygène un charbon brillant; aussi j'étais forcé de le comburer en tube fermé avec du chromate de plomb.

Les résultats de l'analyse sont les suivants:

I. 0,2871 gr. substance ont donné 0,8785 gr. d'acide carbonique et 0,1623 gr. d'eau

II. 0,2449 gr. ont donné 0,7510 gr d'acide carbonique et 0,1402 gr. d'eau

III. 0,2875 gr. ont fourni 26,4 cc^3 d'azote a 20° et une pression barométrique de 750 mm.

Théorie pour	I	II	III
C^{38} H^{34} N^4		Expérience	
C 83,52 %	83,46 %	83,62 %	
H 6,23 »	6,28 »	6,37 »	
N 10,25 »			10,37 %

Sa constitution ne peut-être que la suivante, car sa formation repose sur une élimination d'eau entre les hydrogènes des deux groupes amides voisins et l'oxygène de la Phenanthrenquinone.

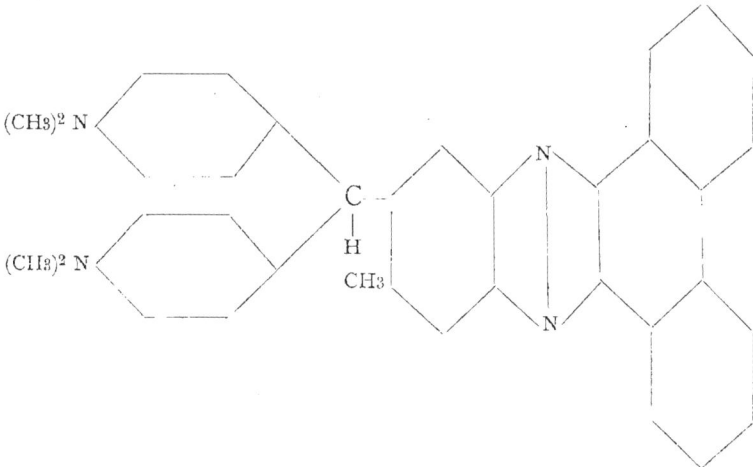

Par oxydation avec le chloranile en solution acétique alcoolique on obtient un colorant vert d'eau.

Le colorant correspondant à 0,02 de leucobase teint 1 gr. de coton mordancé au tannin en vert clair et 1 gr. de soie en beau vert d'eau.

Tetraméthyltetraamidodiphénylnaphtylméthane.

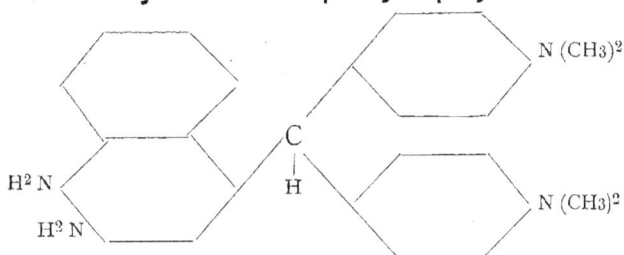

H_2N ... H_2N ... C ... H ... $N(CH_3)_2$ ... $N(CH_3)_2$

La condensation du Tetraméthyldiamidobenzhydrol avec l'orthonaphtylendiamine s'effectue très facilement en solution aqueuse chlorhydrique à la température du bain-marie.

27 gr (1 mol) Tetraméthyldiamidobenzhydrol sont dissous dans 80 gr. d'eau additionnée de 20 gr. (2 mol) acide chlorhydrique conc., puis on y ajoute 23 gr. chlorhydrate d'orthonaphtylendiamine dissous dans 50 gr. d'eau et on chauffe au bain-marie. Le liquide devient d'abord rouge puis vert brun et au bout de 16 heures la condensation est achevée.

On verse le produit de condensation dans l'eau et on y ajoute 10 gr. sel d'étain et 20 gr. acide chlorhydrique. On chauffe une demi-heure presque à l'ébullition et précipite l'étain par l'hydrogène sulfuré. Le liquide filtré est complètement incolore et par addition d'ammoniaque on obtient la leucobase en gros flocons blancs, qui lavés à l'eau peuvent être séchés sans altération au bain-marie. Avant de dissoudre la leucobase dans la benzine on l'extrait avec peu d'alcool bouillant; après deux cristallisations dans la benzine on obtient le Tetraméthyltetraamidodiphénylnaphtylméthane en courtes aiguilles blanches qui ne se colorent pas à l'air et fondent de 233° à 234° en donnant un liquide incolore. Le rendement en corps cristallisé est de 80 % de la théorie.

Traité par le nitrite de sonde en solution aqueuse chlorhydrique on obtient un liquide vert, duquel il a été impossible d'isoler un dérivé azimido cristallisé.

L'orthonaphtylendiamine traitée par le nitrite de soude et l'acide chlorhydrique donne un corps brun, qui se précipite par addition d'ammoniaque, mais il a été impossible d'obtenir un corps cristallisé.

Les analyses de la leucobase ont donnés les résultats suivants

I. 0,6532 gr. Substance ont donné 1,895 gr. d'acide carbonique et 0,4409 gr. d'eau,

II. 0,4225 gr. ont donné 50,6 cc^3 d'azote à 22° et une pression barométrique de 745 mm.

Théorie pour $C^{27} H^{30} N^4$		Expérience I
C 79,02 %		79,11 %
H 7,32 »		7,50 »
N 13,66 »		13,32 %

D'après son mode de formation la constitution de ce corps ne peut-être que la suivante.

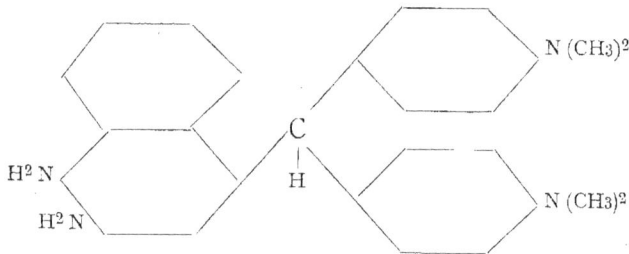

Par oxydation avec le bioxyde de plomb en solution acétique aqueuse ou le chloranile en solution alcoolique acétique on obtient un colorant vert bleu.

Le colorant correspondant à 0,02 de leucobase teint 1 gr. de coton mordancé au tannin en vert bleu et se fixe en partie sur le tissus non mordancé.

Diacétyl-tetraméthyltetraamidodiphénylnaphtylméthane.

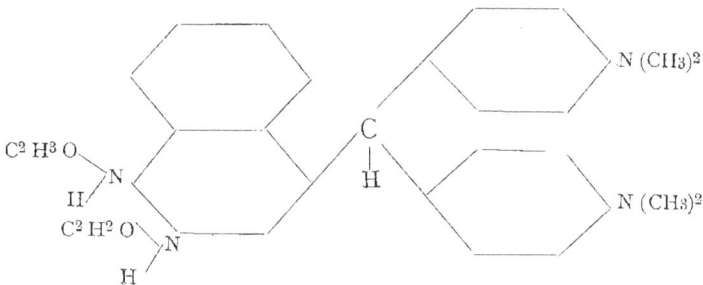

En traitant le Tetraméthyltctraamidodiphénylnaphtylméthane par l'anhydride acétique à l'ébullition on obtient une solution d'un vert foncé. Après une demi-heure l'acétylation est achevée, on verse le produit dans l'eau et laisse reposer 24 heures; au bout de ce temps l'anhydride acétique est décomposé et le dérivé acétylé qni est peu soluble dans l'acide acétique dilué se sépare en masses compactes.

Le produit brut se dissout facilemeut dans l'éther acétique en vcrt foncé; par refroidissement il se sépare en petits cristaux presques incolores, qui après une seconde cristallisation dans le même dissolvant sont complètement blancs et d'un point de fusion constant.

Le diacétyl-tetraméthyltetraamidodiphénylnaphtylméthane est très difficilement soluble dans l'alcool; son meilleur dissolvant est l'éther acétique, il fond sans décomposition de 258° à 259° et s'oxyde superficiellement en vert clair par une longue exposition à l'air.

L'analyse a donné le résultat suivant:

I. 0,3421 gr. ont donné 0,9471 gr. d'acide carbonique et 0,2295 gr. d'eau.

II. 0,2588 gr. ont donné 26,5cc³ d'azote à 22⁰ et une pres-barométrique de 746 m/m.

Théorie pour $C^{31} N^4 H^{34} O^2$	I.	Expérience II.
C 75,30 %	75,21	
H 6,89 »	7,45	
N 11,34 »		11,37
O 6,47 »		

De même que pour lc dérivé acétylé du Tetraméthyltetraamidodiphényltolylméthane le produit obtenu n'est pas un dérivé anhydro, mais bien un dérivé diacétylé, ainsi que le démontrent les analyses.

Sa constitution ne peut être que la suivante:

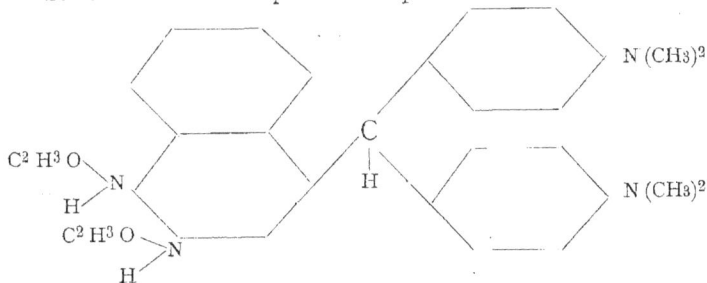

Par oxydation avec le bioxyde de plomb en solution acétique aqueuse on obtient un vert intense.

Le colorant correspondant à 0,02 de leucobase teint 1 gr.
de coton mordancé au tannin en vert franc; les parties non
mordancées restent d'un blanc pur.

Tetraméthyldiamidodiphénylnaphtylphenanthrazinméthane.

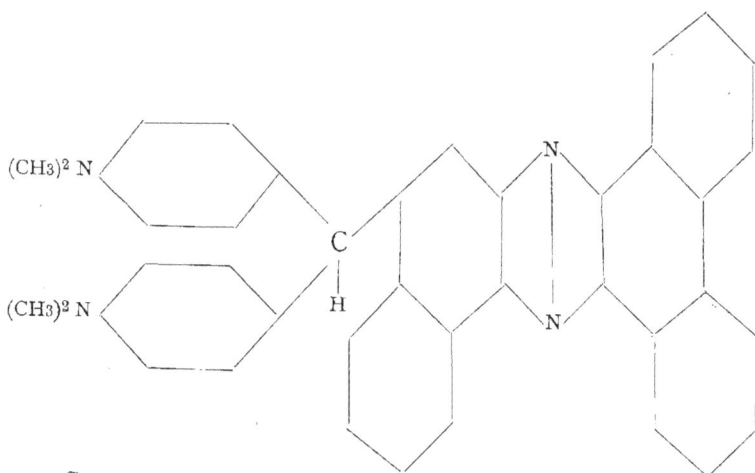

Ce corps s'obtient en ajoutant à chaud à une solution
acétique alcoolique de 4,1 gr. (1 Mol) Tetraméthyltetraamidodiphénylnaphtylméthane 2,8 gr. phénanthrenquinone dissoute
dans 100 gr. acide acétique glacial. Au bout de quelques minutes le liquide est rempli de petites aiguilles microscopiques
verdâtres. On chauffe encore deux heures au bain-marie, puis
on sépare par filtration à la trombe l'azine des eaux-mères.
Pour purifier ce corps on le recristallise dans la benzine. Après
deux cristallisations il forme un amas très léger d'aiguilles
microscopiques de couleur jaune-clair, fusibles au-dessus de 336°.

Le Tetraméthyldiamidodiphénylnaphtylphenanthrazinmé-
thane peut être chauffé à 150° durant deux heures sans même
s'oxyder superficiellement en vert; il est presque insoluble dans
l'alcool bouillant et difficilement dans la benzine, par frottement
il devient électrique.

Il se dissout en bleu foncé dans l'acide sulfurique concentré, par dilution la solution passe au jaune-orange.

Les propriétés basiques sont très peu prononcées, aussi ne se dissout-il pas dans l'acide acétique quelque peu dilué.

Il est très difficilement combustible ; la combustion a été effectuée en tube fermé avec du chromate de plomb.

Les résultats de l'analyse sont les suivants :

I. 0,3137 gr. substance ont donné 0,9717 gr. d'acide carbonique et 0,1720 gr. d'eau.

II. 0,4900 gr. ont fourni 42,6 cc^3 d'azote à 15^0 et une pression barométrique de 746 m/m.

	Théorie pour C^{41} H^{34} N^4	I.	Expérience II.
C	84,54 %	84,44 %	
H	5,74 »	6,09 »	
N	9,62 »		9,98 %

Suivant son mode de formation sa constitution ne peut être que la suivante :

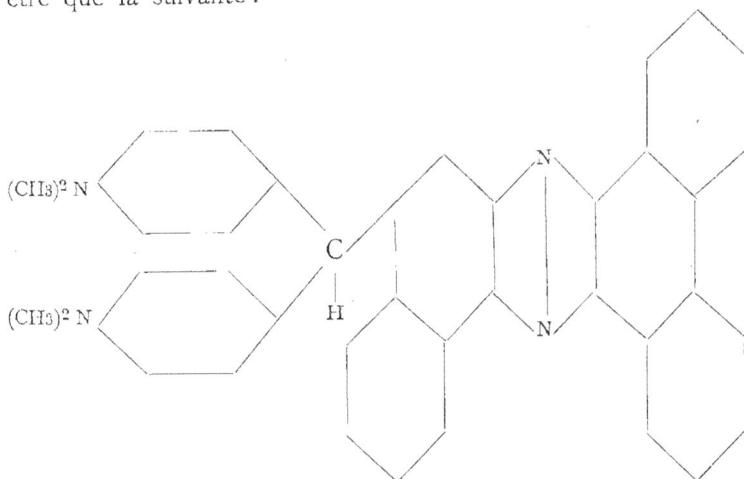

Par oxydation avec le bioxyde de plomb on obtient un colorant vert d'eau. Le colorant correspondant à 0,02 de leucobase teint 1 gr. de coton mordancé au tannin en vert clair. L'oxydation est bien plus nette en employant le chloranile en solution acétique alcoolique à cause du peu de solubilité de l'azine dans l'acide acétique.

Tetraméthyltetraamidotriphénylméthane.

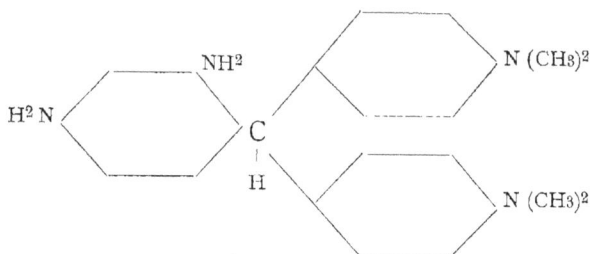

$$H^2N \diagup \diagdown NH^2 \quad C \diagup \diagdown \quad N(CH_3)^2 \quad H \quad N(CH_3)^2$$

Cette leucobase s'obtient par condensation du Tetraméthyl-diamidobenzhydrol avec la métaphénylendiamine.

Les proportions employées sont les suivantes:

On dissout 27 gr. (1 mol) Tetraméthyldiamidobenzhydrol dans 80 gr. d'eau et 20 gr. (2 mol) acide chlorhydrique concentré puis on y ajoute une solution de 11 gr. (1 mol) métaphénylendiamine dissoute dans 50 gr. eau et 20 gr. acide chlorhydrique concentré. On chauffe au bain-marie durant 24 heures, au bout de ce temps la condensation est achevée et on verse le produit de réaction dans l'eau ; après addition de 10 gr. chlorure stanneux et 20 gr. acide chlorhydrique on chauffe encore durant une demi-heure presque à l'ébullition et on précipite l'étain par un courant d'hydrogène sulfuré. Le liquide filtré est incolore, par addition d'ammoniaque on obtient la leucobase en gros flocons blancs, qui, lavés à l'eau et l'alcool bouillant, sont recristallisés dans la benzine. Après 3 cristallisations les cristaux sont complètement incolores et le point de fusion reste constant.

Sans le traitement au sel d'étain il m'était complètement impossible dans ce cas d'obtenir un produit pur ; le produit d'une condensation de 27 gr. benzhydrol et 11 gr. metadiamine a à peine donné 1 gr. de produit cristallisé, mais pas blanc et d'un point de fusion pas net; mais après avoir traité une nouvelle partie de la façon indiquée plus haut, j'ai obtenu avec la plus grande facilité un rendement de 70% de produit tout à fait pur.

Le Tetraméthyltetraamidotriphénylméthane forme des petites tablettes microscopiques incolores qui ne s'altèrent pas à l'air à la température ordinaire. Le point de fusion est situé entre 248° et 249°; il est presque insoluble dans l'alcool et à l'état d'entière pureté difficilement soluble dans la benzine; le produit impur se dissout très facilement dans la benzine.

L'analyse a donné les chiffres suivants:

I. 0,2457 gr. substance ont donné 0,6915 gr. d'acide carbonique et 0,1762 gr. d'eau.

II. 0,2613 gr. ont fourni 37,6 cc³ d'azote à 21° et une pression barométrique de 736 m/m.

Théorie pour $C^{23} N^1 H^{28}$	Expérience	
	I.	II.
C 76,67°/₀	76,74 °/₀	
H 7,78 »	7,56 »	
N 15,55 »		15,85 °/₀

D'après son mode de formation la constitution de cette leucobase ne peut être que la suivante:

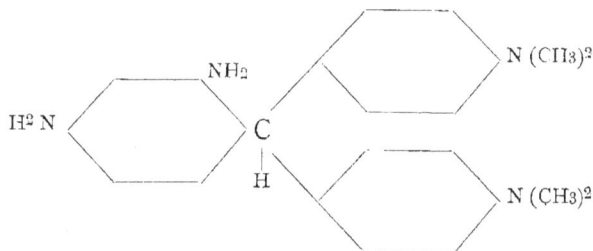

Par l'action de l'acide nitreux en solution aqueuse chlorhydrique il se forme une chrysoïdine; mais aucun produit cristallisé n'a pu être isolé de la solution brune.

Le chlorhydrate de diazobenzol se copule facilement avec le leucobase en donnant un azo décrit plus loin.

Par oxydation avec le chloranile en solution acétique aqueuse, la leucobase donne un colorant violet. L'oxydation avec le bioxyde de plomb en solution acétique aqueuse marche très mal, on obtient d'abord une coloration verte qui passe au violet lorsqu'on chauffe le liquide quelque temps.

Le colorant correspondant à 0,02 gr. de leucobase, teint I gr. de coton mordancé au tannin en violet bleu.

Diacétyl-tetraméthyltetraamidotriphénylméthane.

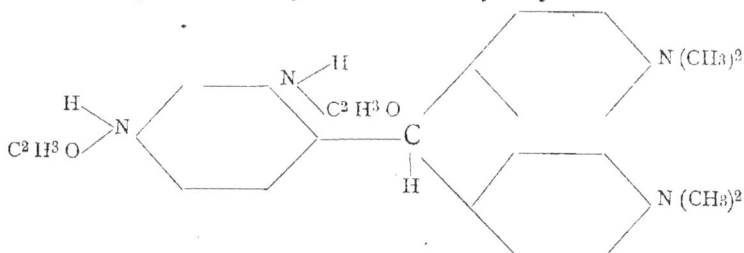

En traitant le Tetraméthyltetraamidotriphénylméthane par l'anhydride acétique on obtient un liquide vert foncé. Après une ébullition d'une demi-heure l'acétylation est complète et on verse le produit dans l'eau.

Après décomposition de l'anhydride acétique on cristallise le dérivé acétylé dans l'alcool bouillant; après deux cristallisations on l'obtient en petites aiguilles microscopiques brillantes du point de fusion $237^0,5$ à $238^0,5$.

Exposées à l'air elles verdissent légèrement par suite d'une oxydation superficielle.

Le produit est assez difficilement soluble dans l'alcool et facilement dans l'éther acétique.

L'analyse a donné le résultat suivant:

I. 0,2076 gr. ont fourni 23,9 cc^3 d'azote à 19^0 et une pression barométrique de 738 m/m.

II. 0,2107 gr. ont donné 0,5645 d'acide carbonique et 0,1388 d'eau.

$C^{27} N^4 O^2 H^{32}$	I.	II.
C $72,97^0/_0$		$73,01^0/_0$
H $7,21$ »		$7,31$ »
N $12,61$ »	$12,84^0/_0$	
O $7,21$ »		

D'après l'analyse le corps est un dérivé diacétylé et sa constitution est la suivante:

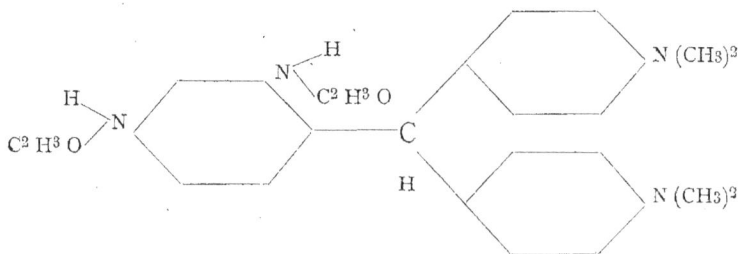

Par oxydation avec le bioxyde de plomb en solution acétique aqueuse, on obtient facilement un colorant vert franc.

Le colorant correspondant à 0,02 gr. de leucobase teint 1 gr. de coton mordancé au tannin en vert pur et ne se fixe pas du tout sur les parties non mordancées.

Phényl-azo-tetraméthyltetraamidotriphénylméthane.

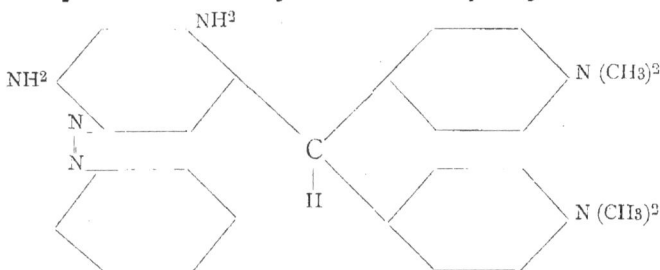

Lorsqu'on traite une mol. Tetraméthyltetraamidotriphényl-méthane par une mol. de diazobenzol en solution chlorhydrique aqueuse, le liquide se colore en brun foncé; après un repos de 2 heures on neutralise la solution de soude. Le dérivé azoïque formé se précipite en gros flocons bruns qu'on lave à l'eau et l'alcool bouillant. Le produit est très soluble dans la benzine et dans l'aniline; pour l'obtenir cristallisé on le dissout dans peu d'aniline à chaud et on ajoute lentement de l'alcool bouillant.

Après 24 heures l'azo cristallise en aiguilles microscopiques d'un beau rouge écarlate; l'aniline adhérente est enlevée par un lavage à l'alcool.

Le point de fusion du produit recristallisé une seconde fois dans l'aniline est situé à 275°.

Un dosage d'azote du corps séché à 120° a donné le résultat suivant:

0,1988 gr. substance ont fourni 33,1cc³ d'azote à 18° et une pression barométrique de 734 m/m.

Théorie pour	Expérience
$C^{29} H^{32} N^6$	
N 18,11%	18,56%

Comme le groupe diazo se place toujours en para vis-à-vis d'un groupe amide si la position est libre, la constitution du dérivé azoïque obtenu ne peut être que la suivante :

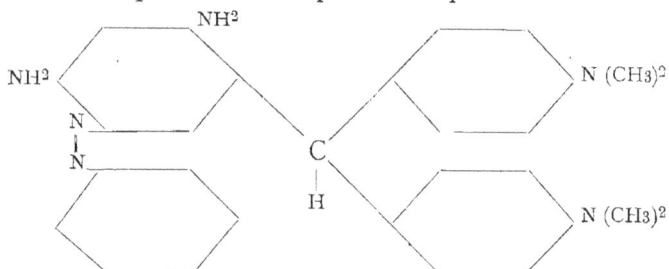

Il se dissout facilement dans l'acide chlorhydrique en donnant une solution brune ; 0,02 gr. teignent 1 gr. de coton mordancé au tannin en brun clair et la soie en jaune brun.

Par oxydation avec le bioxyde de plomb, on obtient une solution d'un vert gris.

L'anhydride acétique le transforme en un dérivé acétylé; 0,02 gr. de dérivé acétylé teint 1 gr. de coton mordancé au tannin en vert gris.

Le dérivé acétylé n'a pas été préparé à l'état d'entière pureté.

Tetraméthyltriamidodiphénylnaphtylméthane.

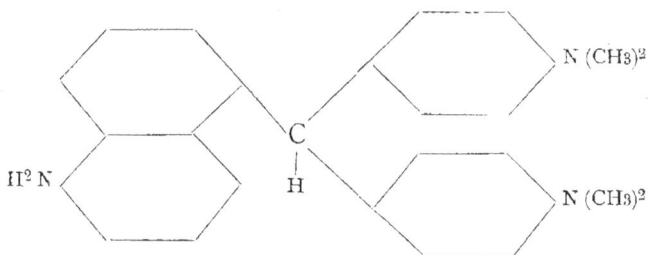

La condensation de l'α Naphtylamine avec le Tetraméthyl-diamidobenzhydrol ne s'effectue que partiellement en solution aqueuse chlorhydrique.

Pour obtenir une condensation quantitative il faut travailler en solution alcoolique.

On dissout à chaud 15 gr. α Naphtylamine dans 375 gr. d'alcool et on y ajoute 12 gr. acide chlorhydrique concentré, puis une solution alcoolique de Tetraméthyldiamidobenzhydrole, 30 gr. dissous dans 150 gr. alcool. On chauffe au bain-marie au réfrigérant à reflux durant 12 heures; la condensation étant achevée, on verse le produit de réaction dans l'eau et on y ajoute 10 gr. chlorure stanneux et 20 gr. acide chlorhydrique.

La solution étant chauffée une demi-heure presque à l'ébullition, on précipite l'étain par l'hydrogène sulfuré, le liquide filtré est incolore et abandonne par addition d'ammoniaque la leucobase en gros flocons blancs, qui lavés à l'eau et à l'alcool bouillant sont cristallisés dans une grande quantité d'alcool.

Le produit recristallisé une seconde fois est entièrement pur.

Le Tetraméthyl-p-triamidodiphénylnaphtylméthane forme des petites paillettes blanches brillantes qui fondent de 221 à 222° en donnant un liquide incolore.

Il est très difficilement soluble dans l'alcool, plus facilement dans la benzine et le chloroforme.

L'analyse a donné le résultat suivant:

I. 0,2018 gr. substance ont donné 0,6074 gr. d'acide carbonique et 0,1384 gr. d'eau.

II. 0,2462 ont fourni 24,5 cc^3 d'azote à 22° et une pression barométrique de 736 m/m.

Théorie pour $C^{27} N^3 H^{29}$	Expérience I.	II
C 82,03%	82,07%	
H 7,34 »	7,61 »	
N 10,63 »		10,90%

Le corps a donc la composition attendue et sa constitution est suivant son mode de formation la suivante:

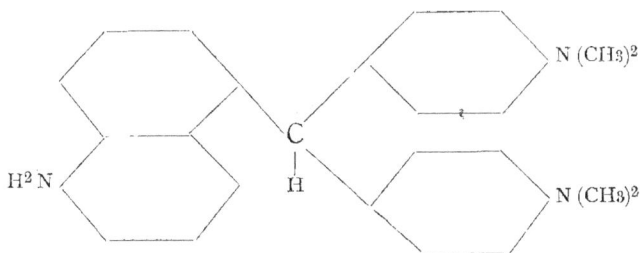

Par oxydation avec le bioxyde de plomb en solution
acétique aqueuse ou avec le chloranile en solution acétique
alcoolique, la leucobase fournit un colorant bleu. Le colorant
correspondant obtenu par oxydation de 0,02 gr. de leucobase
teint 1 gr. de coton mordancé au tannin en bleu tirant au
violet qui résiste très bien au savonnage.

Acétyl-tetraméthyl-p-triamidodiphénylnaphtylméthane.

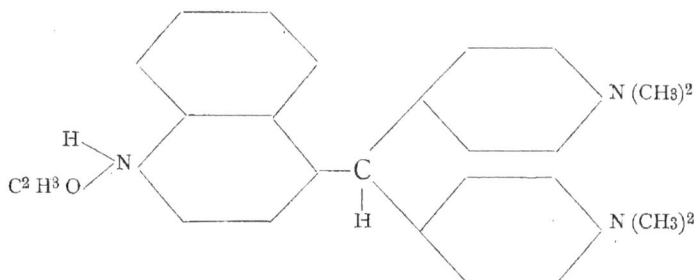

Lorsqu'on traite le Tetraméthyltetraamidodiphénylnaphtylméthane par l'anhydride acétique bouillant on obtient une solution vert foncé; au bout de 10 minutes l'acétylation est
complète. On verse le produit dans l'eau; après décomposition
de l'anhydride acétique le dérivé acétylé se sépare en masse
compacte verdâtre. Après deux recristallisations dans l'éther
acétique, on obtient des petits cristaux complètement blancs
d'un point de fusion constant.

L'acétyl-tetraméthyl-p-triamidodiphénylnaphtylméthane est
très difficilement soluble dans l'alcool bouillant, son meilleur
dissolvant est l'éther acétique: le point de fusion est situé de
228^0 à 229^0.

Exposé à l'air durant deux jours, il s'oxyde superficiellement
en vert foncé.

L'analyse a donné le résultat suivant:

I. 0,2670 gr. substance ont donné 0,7801 gr. d'acide carbonique et 0,1695 gr. d'eau.

II 0,2975 gr. ont fourni 26,3 cc^3 d'azote à 18^0 et une
pression barométrique de 736 m/m.

Théorie pour	Expérience	
$C^{29} H^{31} ON^3$	I.	II.
C 79,63%	79,67%	
H 7,10 »	7,48 »	
O 3,66 »		
N 9,61 »		9,88%

La constitution né peut être que la suivante :

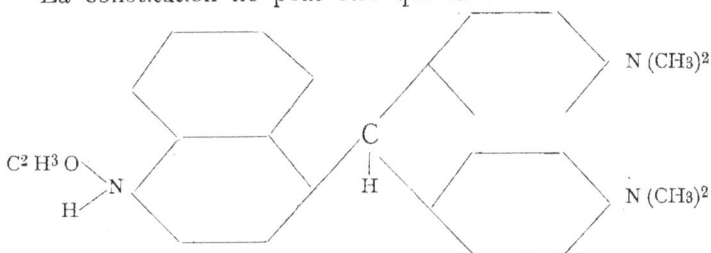

Par oxydation avec le bioxyde de plomb en solution acétique aqueuse on obtient un colorant vert ; le colorant correspondant à 0,02 de dérivé acétylé teint 1 gr. de coton mordancé au tannin en vert franc et ne se fixe pas du tout sur les parties non mordancées.

Hexaméthyl-triamidodiphénylnaphtylméthane.

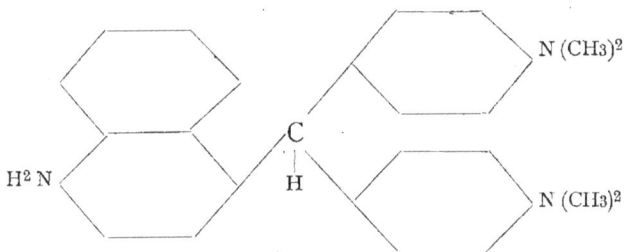

La Diméthyl-α-naphtylamine se condense facilement avec le Tetraméthyldiamidobenzhydrol en solution aqueuse chlorhydrique à la température du bain-marie.

Les proportions employées sont les suivantes :

15 gr. Tetraméthyldiamidobenzhydrol sont dissous dans 15 gr. acide chlorhydrique et 150 gr. eau, puis on y ajoute

10 gr. Diméthyl-α-naphtylamine. Le liquide se colore en vert foncé, puis en brun; après une exposition de 24 heures à la température du bain-marie la condensation est achevée.

On verse le liquide dans l'eau et on y ajoute 5 gr. sel d'étain et 10 gr. acide chlorhydrique, puis on chauffe presque à l'ébullition durant une demi-heure. Après avoir précipité l'étain par un courant d'hydrogène sulfuré, la solution est complètement incolore; par addition d'ammoniaque la leucobase se précipite en gros flocons blancs, qui lavés à l'eau et peu d'alcool bouillant sont cristallisés dans une grande quantité d'alcool bouillant. Après refroidissement elle se sépare sous forme de petites aiguilles blanches d'un point de fusion constant.

L'hexaméthyltriamidodiphénylnaphtylméthane est peu soluble dans l'alcool bouillant et presque insoluble dans l'alcool froid, il se dissout facilement dans la benzine; son point de fusion est situé à 172°, il fond sans décomposition et est très stable; exposé qq. jours à l'air à la température ordinaire il ne s'oxyde même pas superficiellement.

L'analyse a donné le résultat suivant

I. 0,3477 gr. substance ont donné 1,0627 gr. d'acide carbonique et 0,2218 gr. d'eau,

II. 0,1646 gr. ont fourni 14,7 cc³ d'azote à 15° et une pression barométrique de 740 mm.

Théorie pour	Expérience	
$C^{29} N^3 H^{29}$	I	II
C 83,06 %	83,35 %	
H 6,92 »	7,09 »	
N 10,02 »		10,18 %

Suivant son mode de formation la leucobase ne peut avoir que la constitution suivante

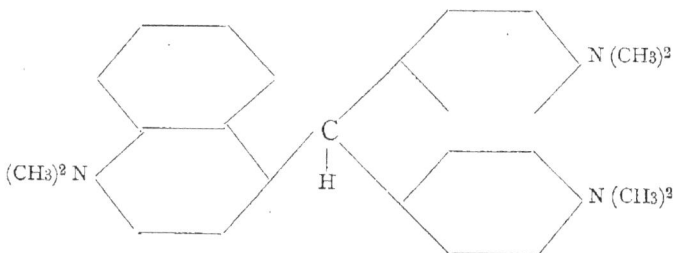

Par oxydation avec le chloranile en solution acétique alcoolique la leucobase donne un colorant d'un beau violet.

Le colorant correspondant à 0,02 gr. de leucobase teint 1 gr. de coton mordancé au tannin en violet très pur et ne se fixe pas du tout sur les parties du tissus non mordancées.

Résumé.

Les corps suivants ont été étudiés dans le travail précédent.

Tetraméthyldiamidodiphényltolylméthane.

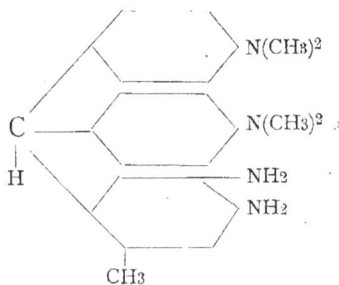

P. F. 197°.

Diacétyl-tetraméthyltetraamidodiphényltolylméthane.

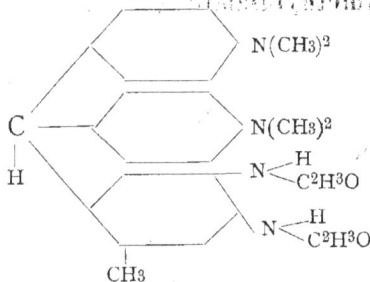

P. F. 220°5 à 221°5.

Tetraméthyldiamidodiphénylazimidotolylméthane.

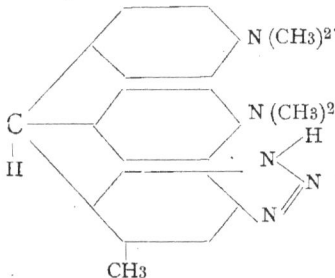

Se décompose à 93°.

Dérivé acétylé du précédent corps.

Diiodométhylate de la Tetraméthylorthotoluylendiamine.

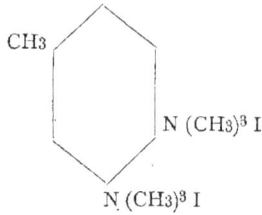

CH3

N (CH3)³ I

N (CH3)³ I

Octométhyltetraamidodiphényltolylméthane.

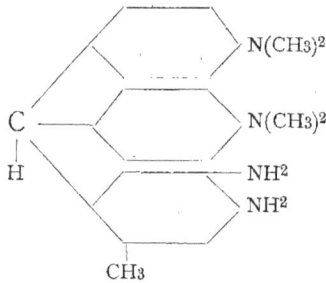

N(CH3)²

N(CH3)²

C

H

NH²

NH²

CH3

Tetraméthyldiamidodiphényltolylphenanthrazinméthane.

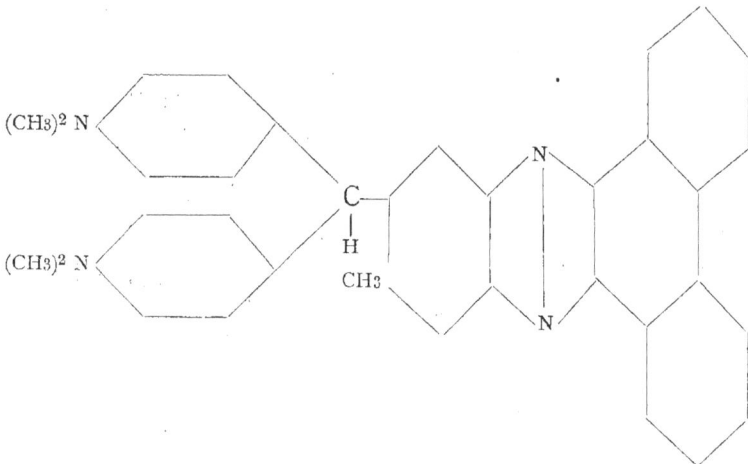

(CH3)² N

(CH3)² N

C

H

CH3

N

N

P. F. 272⁰ à 273⁰.

Tetraméthyltetraamidodiphénylnaphtylméthane.

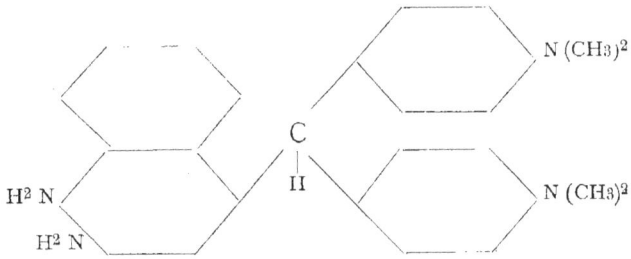

P. F. 233° à 234°.

Diacétyl-tetraméthyltetraamidodiphénylnaphtylméthane.

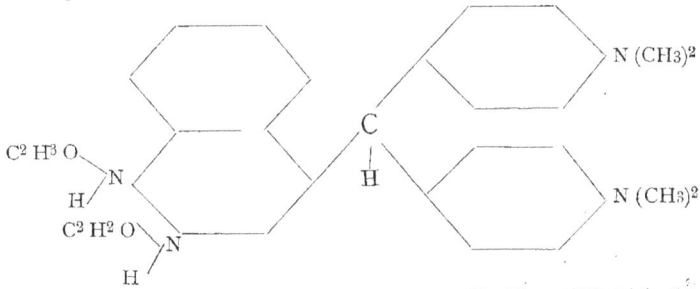

P. F. 258° à 259°.

Tetraméthyldiamidodiphénylnaphtylphenanthrazin- méthane.

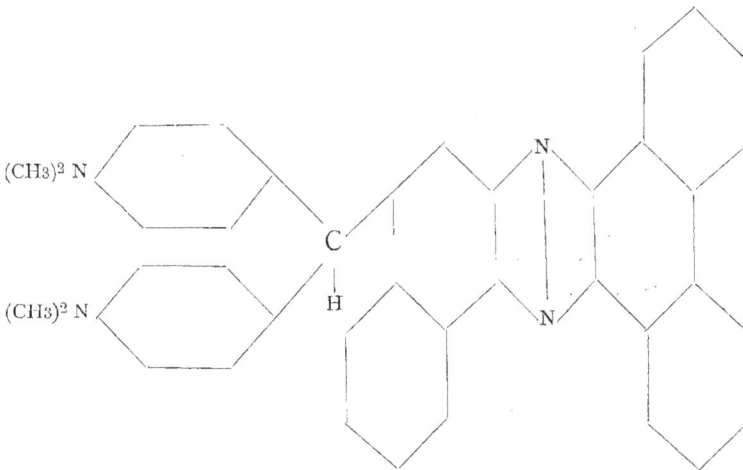

Fond au dessus de 330°.

Tetraméthyltetraamidotriphénylméthane.

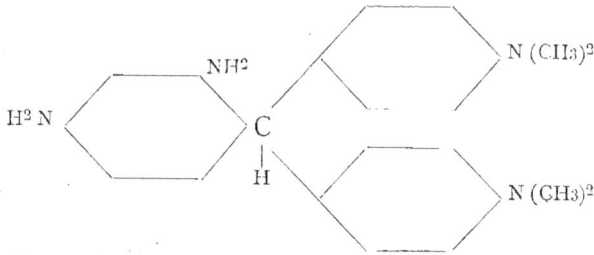

$$H^2N \quad NH^2 \quad C \mid H \quad N(CH_3)^2 \quad N(CH_3)^2$$

P. F. 248° à 249°.

Diacétyl-tetraméthyltetraamidotriphénylméthane.

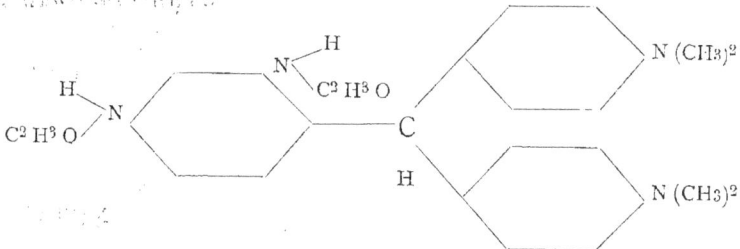

$$C^2H^3O \quad N \quad H \quad N \quad C^2H^3O \quad H \quad C \quad N(CH_3)^2 \quad N(CH_3)^2$$

P. F. 237,5° à 238,5°.

Phényl-azo-tetraméthyltetraamidotriphénylméthane.

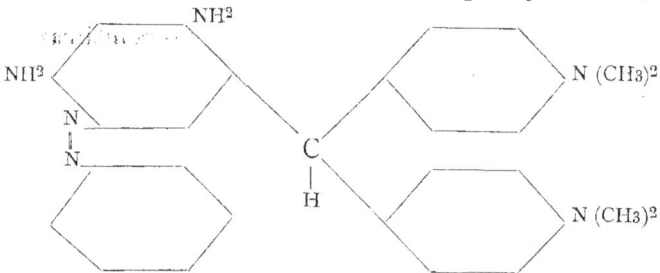

$$NH^2 \quad NH^2 \quad N \quad N \quad C \mid H \quad N(CH_3)^2 \quad N(CH_3)^2$$

P. F. 275°.

Dérivé acétylé du corps précédent.

Tetraméthyltriamidodiphénylnaphtylméthane.

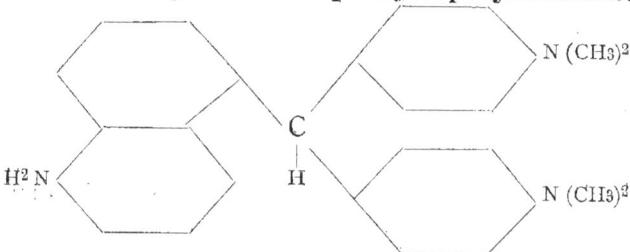

$$H^2N \quad C \quad H \quad N(CH_3)^2 \quad N(CH_3)^2$$

P. F. 221° à 222°.

Acétyl-tetraméthyl-p-triamidodiphénylnaphtylméthane.

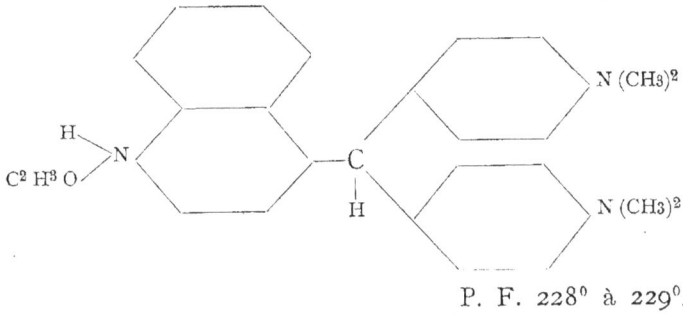

P. F. 228^0 à 229^0.

Hexaméthyl-triamidodiphénylnaphtylméthane.

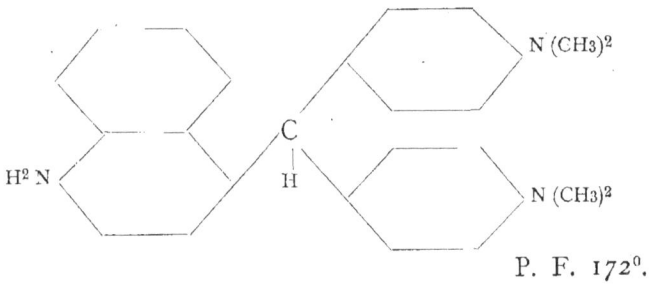

P. F. 172^0.

Mulhouse, le 19 Juin 1891.